人工智能机器人精品课程系列丛书

创意搭建

苏州大闹天宫机器人教育中心 编

（初级·下）

苏州大学出版社
Soochow University Press

图书在版编目（CIP）数据

创意搭建：初级.下／苏州大闹天宫机器人教育中
心编；孙承峰,张艳华主编. — 苏州：苏州大学出版
社,2020.4

（人工智能机器人精品课程系列丛书／孙立宁主编）
ISBN 978-7-5672-3131-3

Ⅰ．①创… Ⅱ．①苏… ②孙… ③张… Ⅲ．①智能机
器人－程序设计 Ⅳ．①TP242.6

中国版本图书馆 CIP 数据核字（2020）第 050906 号

创意搭建（初级·下）

苏州大闹天宫机器人教育中心　编

责任编辑　张　凝

助理编辑　杨　舟

苏州大学出版社出版发行

（地址：苏州市十梓街 1 号　邮编：215006）

苏州工业园区美柯乐制版印务有限责任公司印装

（地址：苏州工业园区娄葑镇东兴路 7-1 号　邮编：215021）

开本 787 mm×1 092 mm　1/16　印张 4.5　字数 88 千

2020 年 4 月第 1 版　2020 年 4 月第 1 次印刷

ISBN 978-7-5672-3131-3　定价：49.90 元

若有印装错误,本社负责调换

苏州大学出版社营销部　电话：0512-67481020

苏州大学出版社网址　http://www.sudapress.com

苏州大学出版社邮箱　sdcbs@suda.edu.cn

编 委 会

总序

随着人工智能技术的不断发展，比尔·盖茨所预言的"智能机器人就像笔记本电脑一样进入千家万户"正在逐步成为现实。机器人与人工智能技术已成为全球化竞争的重要领域。

2017年，中国政府发布了《新一代人工智能发展规划》，提出加快人工智能高端人才培养，建设人工智能学科，发展智能教育。2018年，教育部提出了《高等学校人工智能创新行动计划》，从高等教育领域推动落实人工智能发展。与此同时，激发青少年一代对人工智能的学习兴趣，提升科技素养的基础教育也得到了社会普遍认同。

目前，以创意编程等为代表的青少年人工智能课程正成为学校教育和校外培训的"新宠"，但在这轮"人工智能教育热"背景下，我们必须清醒地认识到，人工智能本身是一个新兴学科，更是一个综合性学科，"编程"仅仅是人工智能技术的一个侧面，只有充分调动青少年的兴趣和潜能，从机械、电子、计算机等多学科基础能力锻炼入手，才能培养出真正适应人工智能时代发展的科技人才。

"工欲善其事，必先利其器"，为有效缓解因教育师资不足和专业教材缺失对中小学人工智能普及教育的制约，苏州大闹天宫机器人教育中心特别成立了"人工智能机器人精品课程"编委会，由机器人行业专家孙立宁教授担任主编，组织多名长期从事机器人教育的教授一同参与，精心编撰了这套"人工智能机器人精品课程系列丛书"。丛书紧贴当前国际领域青少年人工智能和机器人教育中的核心内容，将人工智能学习融入机器人拼搭、控制等内容中，并在此基础上结合现实生活应用的场景设置具体课程，针对不同年龄段学生的认知水平和理解能力，推出了初级、中级、高级三个不同阶段的教材。丛书图文并茂、深入浅出，讲解相关原理知识和解析操作方法，形成了一套完整的课程体系。

　　苏州大闹天宫机器人教育中心作为苏州大学学生校外实践基地、全国青少年电子信息科普创新教育基地、江苏省青少年特色科学工作室、苏州市科普教育基地，在多年的教育实践中不断探索和尝试，积累了丰富的经验，对青少年人工智能和机器人教育的本质、理念和人才培养需求等有着深刻理解。这套丛书通过案例与产品的结合，教会孩子们人工智能技术背后的逻辑和原理，进而让他们学会将人工智能技术更好地与生产、生活相结合。相信这套书籍的出版，不仅可以帮助学校教师练好"内功"，提升教学质量，而且也可成为家长和学生自我学习的工具。我相信这套丛书将能够为我国青少年机器人和人工智能教育做出奉献。

南京航空航天大学教授、中国科学院院士

赵淳生

2020 年 2 月

目录

CONTENTS

第一讲　伸缩钳

　　周末，爸爸带着闹闹在公园放风筝。闹闹看到不远处有个环卫工人正在工作，他手里拿着一把类似钳子的工具。只见环卫工双手一压，工具就变长了，站在草坪外都可以夹到草坪上的一个空瓶子，闹闹觉得很神奇。

　　同学们，你们知道这是什么工具吗？

一、看一看

　　（一）什么是钳子

　　钳子，是一种用于夹持、固定加工工件，或者扭转、弯曲、剪断金属丝线的手工工具。钳子的外形呈 V 形，通常包括手柄、钳腮和钳嘴三个部分。

　　（二）钳子的分类及用途

　　常见的钳子有老虎钳、斜口钳、剥线钳等。

　　老虎钳，也叫钢丝钳，是一种夹钳和剪切工具，大多用来起钉子或夹断钉子和细钢丝。

　　斜口钳，也叫斜嘴钳，其刀口可用来切软电线的橡皮或塑料绝缘层，也用于夹断铁丝等。

　　剥线钳，由刀口、压线口和钳柄组成，钳柄上套有绝缘套管，适用于塑料、橡胶绝缘电线、电缆芯线的剥皮。

（一）伸缩钳的结构及用处

伸缩钳由握把、钳臂（四边形连杆机构）、夹爪组成，它可以用来夹取远处不容易用手抓到的东西。

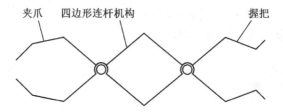

夹爪　　四边形连杆机构　　　　　　　握把

（二）四边形连杆机构的特征

四边形连杆机构易变形，因为四边形在确定四边边长的情况下，其大小形状也无法确定，所以容易变形。

同学们，让我们自己动手，用积木制作一把伸缩钳吧！

三、做一做

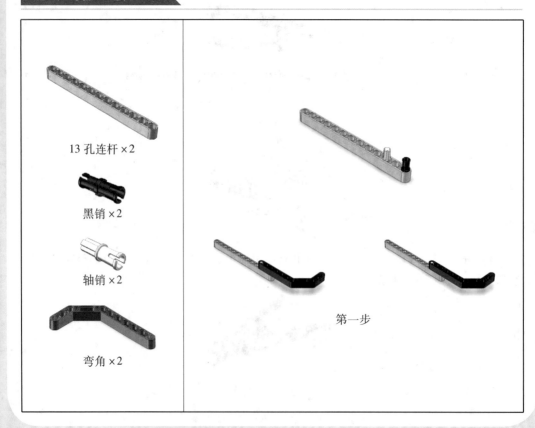

13 孔连杆 ×2

黑销 ×2

轴销 ×2

弯角 ×2

第一步

3 孔连杆 ×1

白销 ×3

黑销 ×2

第二步

10 孔连杆 ×2

3 孔连杆 ×1

黑销 ×2

白销 ×1

第三步

黑销 ×4

13 孔连杆 ×2

第四步

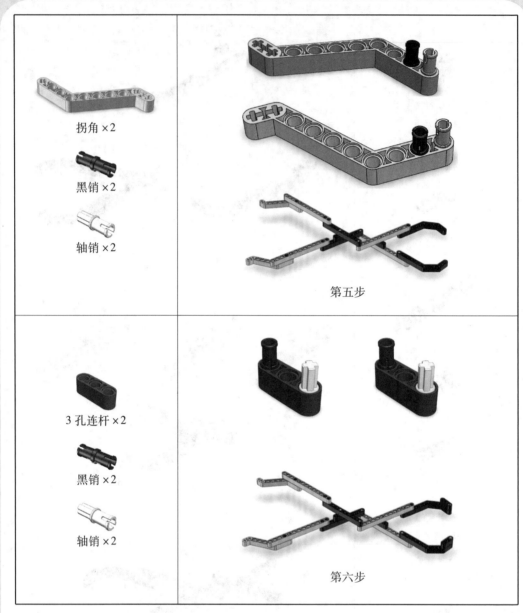

拐角 ×2

黑销 ×2

轴销 ×2

第五步

3 孔连杆 ×2

黑销 ×2

轴销 ×2

第六步

说一说

相信聪明的你已经完成了伸缩钳的制作，接下来和同学们一起分享这件作品吧！

1. 展示一下自制的伸缩钳，讲讲它是怎么工作的。

2. 告诉大家伸缩钳在生活中的运用。

3. 说说在制作过程中遇到的困难，以及你是如何战胜困难的。

1. 四边形连杆机构在生活中有哪些运用?
2. 伸缩钳的优缺点分别是什么?

1. 怎样才能使伸缩钳夹起物体更容易?
2. 制作一个电动伸缩钳。

第二讲　电动伸缩门

叮铃铃，放学啦，牛牛和闹闹结伴走出校门。牛牛问："闹闹，你知道我们的校门是怎么开启和关闭的吗？"闹闹说："不知道啊，让我们一起去问问保安叔叔吧！"他们来到保安室，找到了保安叔叔，同声问道："叔叔，这是什么门？怎么会伸缩啊？"叔叔耐心地向他俩进行了讲解。

一、看一看

（一）什么是电动伸缩门

电动伸缩门，别名"电动门"或"电动折叠门"，门体可以伸缩和自由移动，是一种用来对行人或车辆进行拦截和放行的门。

（二）电动伸缩门的种类

电动伸缩门分为有轨（单轨）和无轨两种。

有轨伸缩门要在现场先预埋轨道。优点是：门体运行很直，抗风性能极强。缺点是：对于安装环境要求较高，不能有本身太重的车辆频繁驶过，否则钢轨会下沉或变形。

无轨伸缩门采用磁力导航，安装时要在地面埋磁铁。优点是：对于安装环境要求较低。缺点是：门体太长时容易走偏。

二、讲一讲

（一）电动伸缩门的结构

电动伸缩门主要由带轮、皮带、曲柄、连杆等部分组成。其门体一般采用优质铝合金及普通方管管材制作，根据平行四边形原理铰接，伸缩灵活，行程大。

（二）电动伸缩门的工作原理

电机与带轮 1 同轴固定连接，带轮 1 通过皮带与带轮 2 连接，带轮 2 与曲柄固定连接，曲柄通过连杆与平行四边形连接。当电机转动时，带轮 1 带动带轮 2 旋转，带轮 2 带动曲柄转动，连杆随之带动平行四边形伸缩，实现开门和关门。

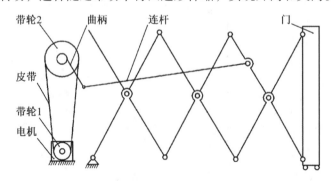

同学们，让我们自己动手，用积木制作一扇伸缩门吧！

三、做一做

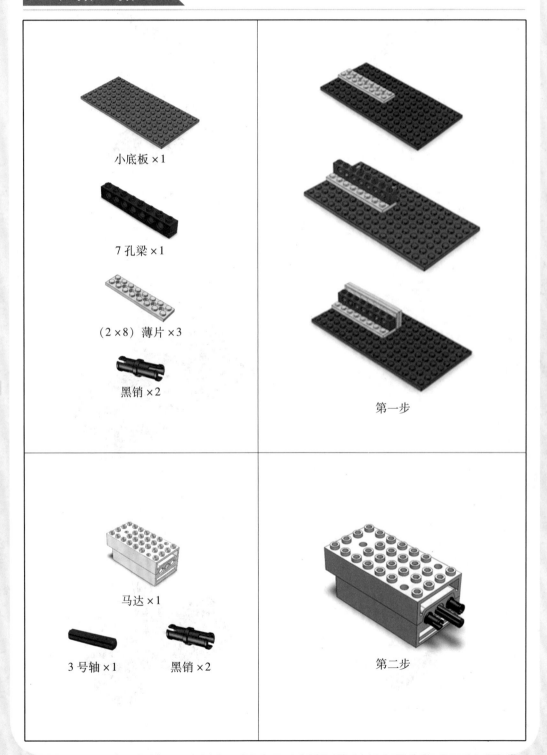

小底板 ×1

7 孔梁 ×1

（2×8）薄片 ×3

黑销 ×2

第一步

马达 ×1

3 号轴 ×1

黑销 ×2

第二步

9 孔连杆 ×1

小轴套 ×1

第三步

滑轮 ×1

3 号轴 ×1

小轴套 ×1

第四步

橡皮筋 ×1

长销 ×1

第五步

3 孔梁 ×2

黑销 ×1

第六步

白销 ×2

15 孔连杆 ×1

第七步

15 孔连杆 ×6

白销 ×7

第八步

5 孔梁 ×4

6 号轴 ×1

4 号轴 ×1

小轮胎 ×2

小轴套 ×4

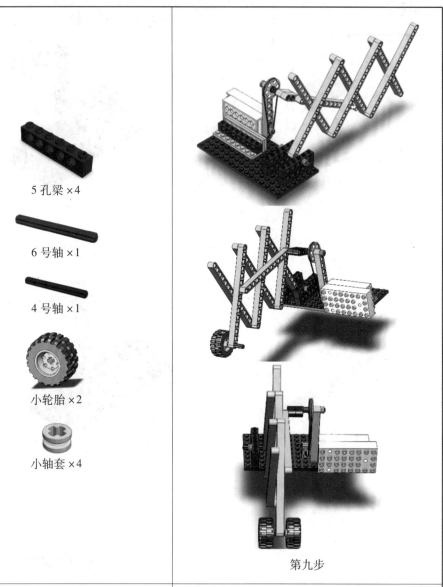

第九步

连接线模块 ×1

直流电源模块 ×1

第十步

说一说

相信聪明的你已经完成了伸缩门的制作，接下来和同学们一起分享这件作品吧！

1. 展示一下自制的伸缩门，讲讲它是怎么工作的。
2. 告诉大家平行四边形都有哪些应用。
3. 说说在制作过程中遇到的困难，以及你是如何战胜困难的。

想一想

1. 如果把平行四边形机构换成三角形，伸缩门还能工作吗？
2. 曲柄摇杆的作用是什么？

头脑风暴

1. 能否改装自动伸缩门？
2. 能否改变门的伸缩距离？

第三讲 石头、剪刀、布

放学了，闹闹和同学们一起玩"石头、剪刀、布"。爸爸恰巧走过，闹闹央求爸爸一起参与。爸爸说："我可以陪你们玩，但是，你们要先搞清楚这个游戏的由来和原理哦！"闹闹疑惑道："小游戏还有原理呀？"于是，爸爸耐心地给同学们做了讲解。

一、看一看

（一）什么是"石头、剪刀、布"

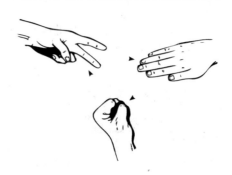

"剪刀、石头、布"又称"猜丁壳"，是一种猜拳游戏。按游戏规则，握拳是石头，伸出食指和中指是剪刀，伸出五指是布。石头克剪刀，剪刀克布，布克石头。

（二）"石头、剪刀、布"的历史

"石头、剪刀、布"源自中国人发明的猜拳游戏。中国从汉代起出现了猜拳游戏，这种游戏后来传到日本、韩国等地，随着亚欧贸易的不断发展又传到了欧洲。至近代，这种游戏已逐渐世界化。19世纪后期，西方作家提到它时，明确说，这是一种亚洲游戏。

二、讲一讲

（一）仿真"石头、剪刀、布"的结构

仿真"石头、剪刀、布"主要由电机、齿轮组、猜拳转盘和石头、剪刀、布的模型等部分组成。

（二）仿真"石头、剪刀、布"的工作原理

电机与齿轮1同轴固定连接，齿轮1和齿轮2啮合连接，齿轮2与猜拳转盘同轴固定连接。当电机转动时，齿轮1随之旋转，齿轮2和齿轮1啮合转动，齿轮2带动圆盘转动。待电机停止转动时，将会随机产生石头、剪刀、布的一种结果。

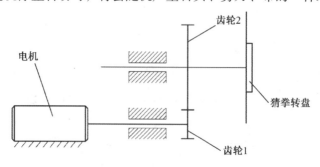

同学们，让我们自己动手，用积木制作一个"石头、剪刀、布"的玩具吧！

三、做一做

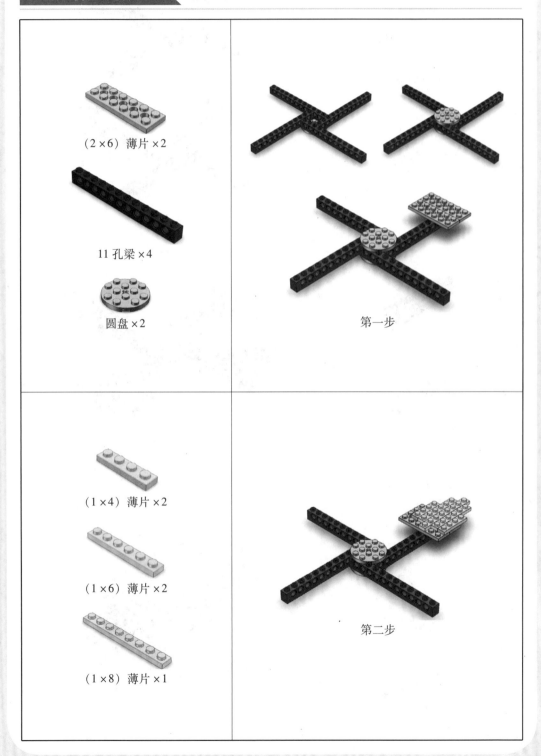

（2 ×6）薄片 ×2

11 孔梁 ×4

圆盘 ×2

第一步

（1 ×4）薄片 ×2

（1 ×6）薄片 ×2

（1 ×8）薄片 ×1

第二步

（2×2）颗粒×1

（2×3）颗粒×1

（2×6）薄片×2

第三步

5孔梁×1

（2×8）薄片×2

第四步

马达×1

黑销×2

4号轴×1

第五步

7 孔连杆 ×2

第六步

长销 ×2　　　　小齿轮 ×1

6 号轴 ×1　　　　中齿轮 ×1

第七步

小圆台 ×1

第八步

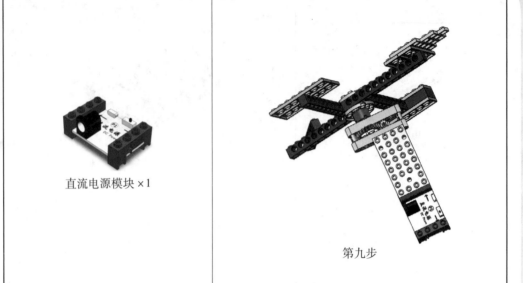

直流电源模块 ×1

第九步

相信聪明的你已经完成了"石头、剪刀、布"玩具的制作，接下来和同学们一起分享这件作品吧！

1. 展示一下自制的"石头、剪刀、布"玩具，讲讲它是怎么玩的。
2. 告诉大家还有哪些类似的游戏。
3. 说说在制作过程中遇到的困难，以及你是如何战胜困难的。

1. 玩"石头、剪刀、布"游戏时，怎样才能增加获胜的概率？
2. 给自制的"石头、剪刀、布"玩具设置一个概率相等的机构。

头脑风暴

1. 如何通过其他电子模块控制"石头、剪刀、布"玩具的启动与停止？
2. 将"石头、剪刀、布"装置改装成其他用途。

第四讲　钓鱼竿

星期天，爸爸带着闹闹去钓鱼，打算锻炼一下他的耐心和毅力。到了河边，爸爸拿出钓鱼竿，闹闹看着长长的钓竿和鱼线，问道："爸爸，钓鱼竿为什么要设计成这个样子呢？"爸爸夸赞道："闹闹真是一个爱问好学的孩子！"接着，他就耐心地向闹闹进行了解释。

一、看一看

（一）钓鱼的准备工作

钓鱼之前，需要准备鱼竿、鱼饵、鱼桶等。

（二）钓鱼竿的种类

常见的钓鱼竿分为手竿、海竿两种。手竿不带渔轮，海竿带渔轮。渔轮，也叫渔线轮，用于放线和卷线，是一个收线传动装置，固定在抛竿手柄的前方。

（三）手竿与海竿的区别

手竿主要用于塘钓、溪流钓、水库钓和湖泊钓，适合于垂钓小型鱼类。海竿也称投竿，可以远投，一般在1.8米～3.6米之间，大多在中大型渔轮上使用，适合于海洋垂钓。海竿弹性好，可借助弹力将鱼钩抛出很远，所以，用海竿可将鱼钩抛到手竿达不到的水域，钓到手竿钓不到的鱼类。

二、讲一讲

（一）钓鱼竿的结构

钓鱼竿主要由渔轮、鱼竿、鱼线、浮漂、鱼钩等部分组成。

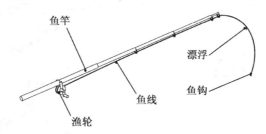

（二）钓鱼竿的工作原理

钓鱼主要有两种握竿方式，其原理都是费力杠杆，要用更大的力换取较大的位移，让竿抛得足够远，拉起鱼来才足够快。

（三）什么是费力杠杆

杠杆平衡条件为：动力×动力臂＝阻力×阻力臂。在杠杆平衡的条件下，动力臂小于阻力臂便是费力杠杆。

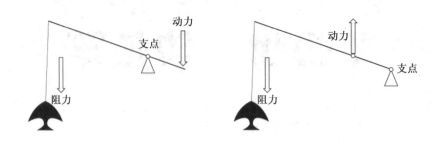

同学们，让我们自己动手，用积木制作一根钓鱼竿吧！

三、做一做

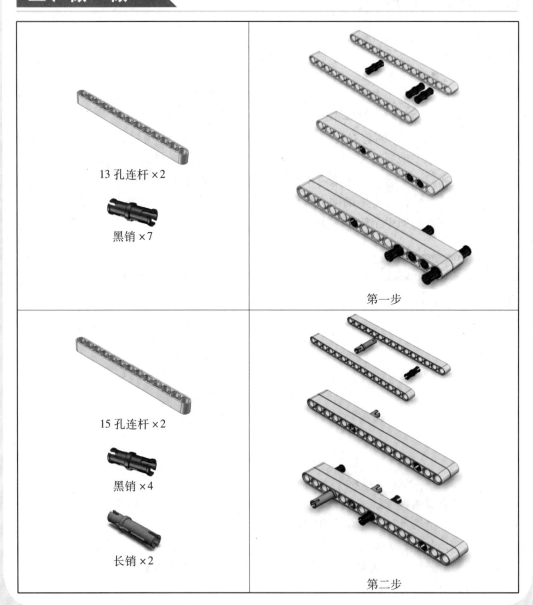

13 孔连杆 ×2

黑销 ×7

第一步

15 孔连杆 ×2

黑销 ×4

长销 ×2

第二步

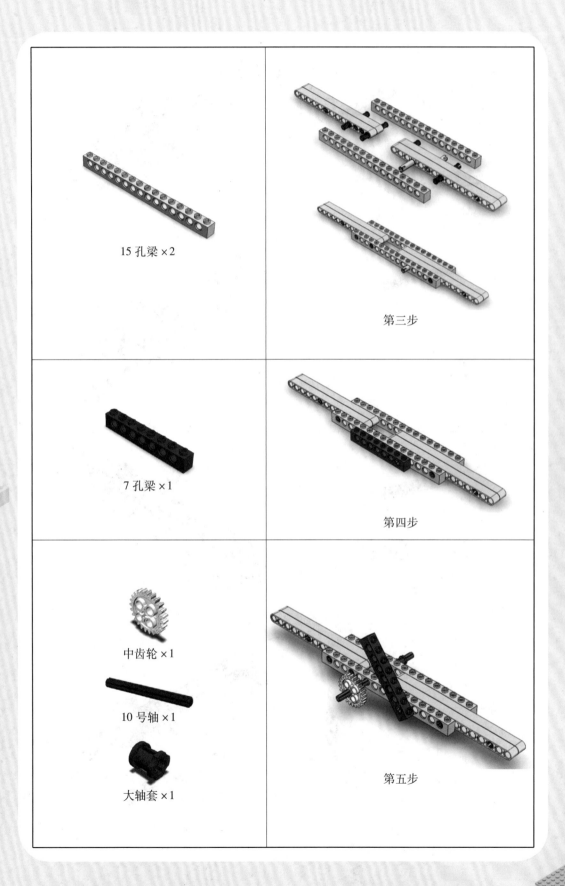

15 孔梁 ×2

第三步

7 孔梁 ×1

第四步

中齿轮 ×1

10 号轴 ×1

大轴套 ×1

第五步

摇把 ×1　　　弯角 ×2

黑销 ×2　　　轴销 ×2

第六步

6 号轴 ×1

小轴套 ×2　　　滑轮 ×1

第七步

4 号轴 ×2

小轴套 ×4　　　联轴器 ×1

第八步

绳子　　　挂钩 ×1

第九步

说一说

相信聪明的你已经完成了钓鱼竿的制作，接下来和同学们一起分享这件作品吧！

1. 展示一下自制的钓鱼竿，讲讲它是怎么工作的。
2. 告诉大家钓鱼竿中费力杠杆的原理。
3. 说说在制作过程中遇到的困难，以及你是如何战胜困难的。

想一想

1. 如何改变鱼线的角度才能让鱼线垂直于水面？
2. 不同硬度的钓鱼竿有什么不同的作用？

头脑风暴

1. 做一根可以伸缩的钓鱼竿。
2. 在钓鱼竿上加一个自动收线装置。

第五讲　智能垃圾桶

最近，很多地方已开始实施垃圾分类了。闹闹和牛牛每天出门前都会仔细地将各种垃圾分类包装，然后把不同的垃圾丢进不同的垃圾筒。垃圾分类虽然比较麻烦，也比较花时间，但妈妈说："这是为了人类更好的明天。"

一、看一看

（一）垃圾分类有什么好处

1. 减少占地。

生活垃圾中有些物质是不易降解的，会使土地受到严重侵蚀。垃圾分类可以去掉不易降解的物质，减少垃圾数量达60%以上。

2. 减少污染。

目前，垃圾处理大多采用卫生填埋，甚至简易填埋的方式，这不仅会占用大量土地，而

且严重污染环境，废弃的有毒物质还会对人类产生严重的危害，导致农作物减产等。

3. 变废为宝。

生活垃圾中有30%～40%是可以回收利用的，各种固体废弃物混合在一起是垃圾，分选开就是资源。例如：1吨废塑料可回炼600千克柴油；回收1500吨废纸，可以免于砍伐1200吨林木；1吨易拉罐熔化后制成铝块，可节省20吨铝矿。垃圾中的有些物质还能转化为资源，如食品、草木和织物可以堆肥，生产有机肥料；砖瓦、灰土可以加工成建材；等等。

（二）如何进行垃圾分类

目前，生活垃圾主要按可回收物、不可回收物和有害物质进行分类。

（1）可回收物是指适宜回收、可以循环使用和资源利用的废物，主要包括废弃的纸、塑料、金属、玻璃、织物等。

（2）不可回收物，指除可回收垃圾之外的垃圾，常见的有在自然条件下易分解的垃圾，如果皮、菜叶、剩菜剩饭、花草树枝树叶等。有害、有污染、不能进行分解再造的其他垃圾也属于不可回收垃圾。

（3）有害物质，是指会对人体健康或者自然环境造成直接或者潜在危害的生活废弃物，如废旧电池、废荧光灯管、水银温度计、废油漆、过期药品等。

垃圾分类可以造福人类，但目前多数小区的垃圾桶还需要用手打开，不仅费力，而且不卫生。有什么办法让垃圾桶的盖子自动打开呢？智能化感应式垃圾桶就可以解决这个问题。

二、讲一讲

感应式垃圾桶

感应式垃圾桶通过微电脑控制，由感应器、电池盒、底座、翻盖系统、桶盖等组成。只要有物体接近感应区范围，桶盖便会自动开启，物体离开感应区数秒后，桶盖又会自动关闭。它不需要外接电源，靠电池供电，电耗很低。它以红外感应及微电脑组成的感应翻盖，设计精巧、灵活方便，无需手动或脚踩，就能轻松丢垃圾，不仅方便卫生，而且性能可靠，可以有效预防接触性感染。

同学们，让我们自己动手，用积木做一个感应式垃圾桶吧！

桶盖

翻盖系统

电池盒

微电脑

感应器

底座

三、做一做

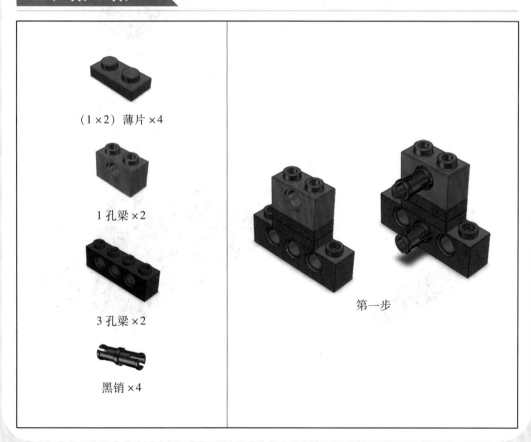

（1×2）薄片 ×4

1 孔梁 ×2

3 孔梁 ×2

黑销 ×4

第一步

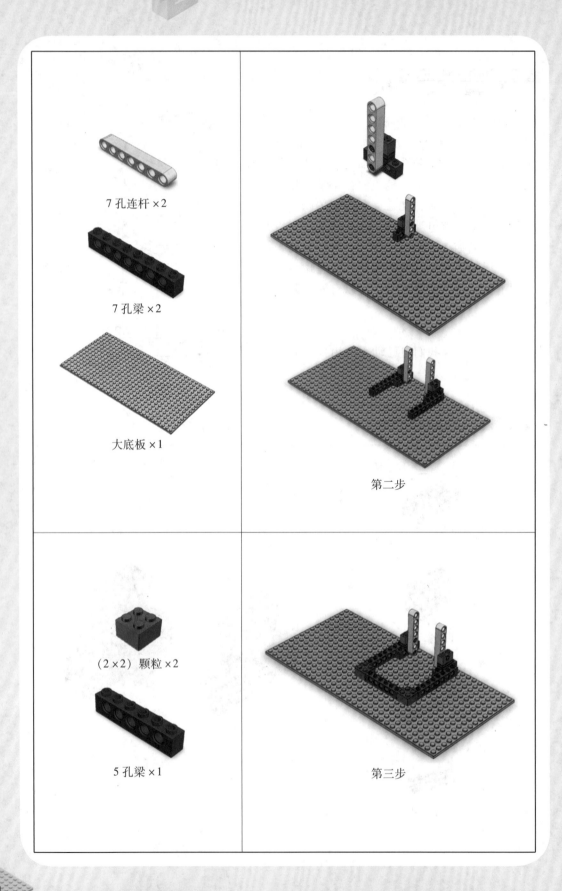

7 孔连杆 ×2

7 孔梁 ×2

大底板 ×1

第二步

（2×2）颗粒 ×2

5 孔梁 ×1

第三步

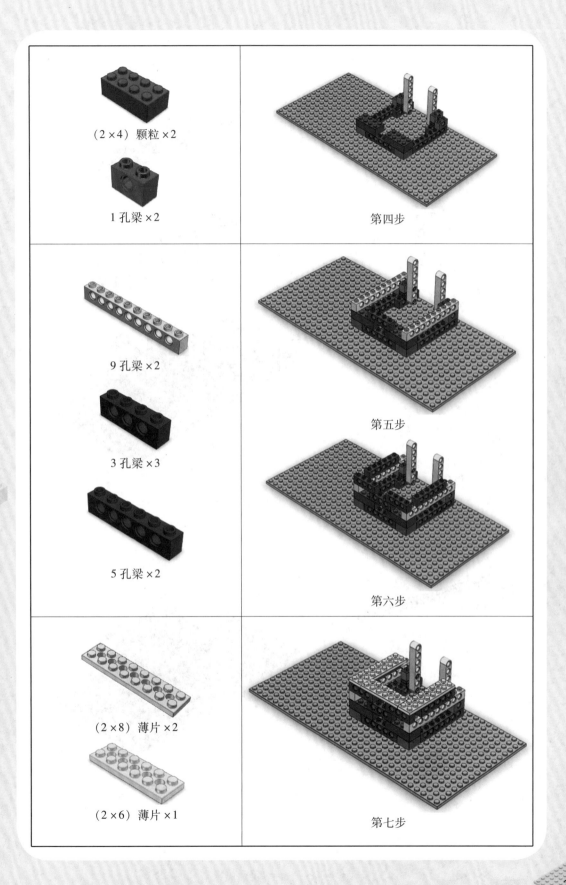

（2×4）颗粒×2

1孔梁×2

第四步

9孔梁×2

3孔梁×3

5孔梁×2

第五步

第六步

（2×8）薄片×2

（2×6）薄片×1

第七步

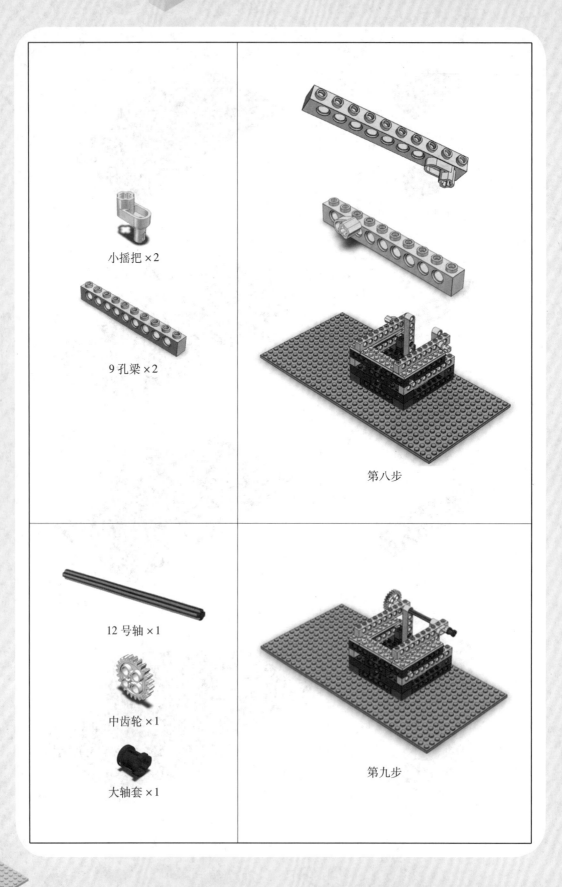

小摇把 ×2

9 孔梁 ×2

第八步

12 号轴 ×1

中齿轮 ×1

大轴套 ×1

第九步

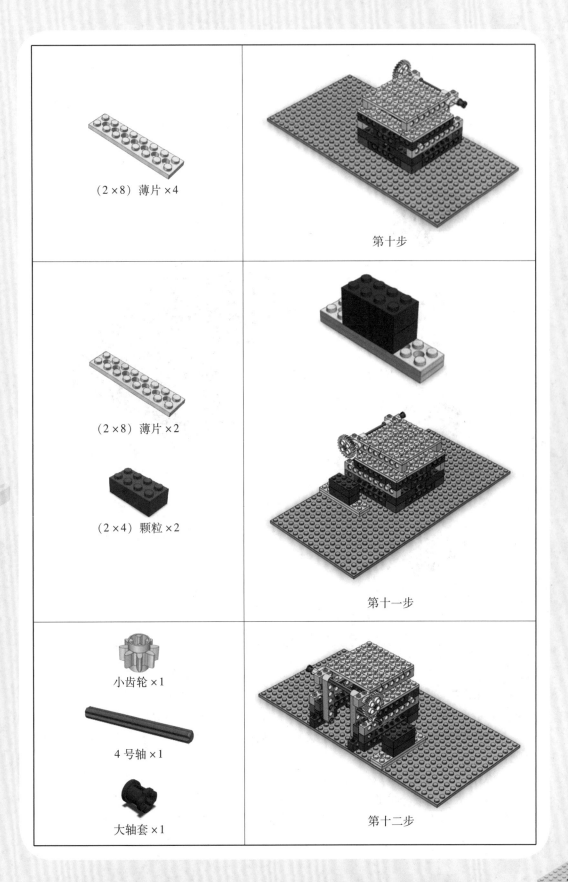

（2×8）薄片 ×4

第十步

（2×8）薄片 ×2

（2×4）颗粒 ×2

第十一步

小齿轮 ×1

4 号轴 ×1

大轴套 ×1

第十二步

马达×1

直流电源模块×1

信号使能模块×1

马达驱动模块×1

红外反射模块×1

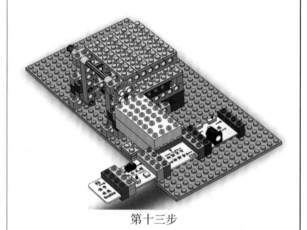

第十三步

说一说

相信聪明的你已经完成了智能垃圾桶的制作，接下来和同学们一起分享这件作品吧！

1. 展示一下自制的垃圾桶，讲讲它是怎么工作的。
2. 告诉大家垃圾分类的作用。
3. 说说在制作过程中遇到的困难，以及你是如何战胜困难的。

想一想

1. 垃圾分类回收之后会怎么处理?
2. 不同垃圾的分类标志是什么?

1. 改装一个移动式的垃圾桶。
2. 制作一个带警报功能的垃圾桶。

第六讲　旋转门

　　周末，爸爸妈妈带牛牛去酒店吃饭，牛牛很喜欢玩一楼大厅的旋转门。旋转门又高又大，不停地转圈圈，牛牛站在门里，跟着它不停地转。保安叔叔看见了，赶紧上前劝阻："小朋友，这么玩是很危险的哦！"牛牛很疑惑，保安叔叔随即向她介绍了旋转门的奥秘。

一、看一看

　　（一）旋转门的分类

　　旋转门按照如何开启，可分为手动旋转门和自动旋转门两种。自动旋转门根据门翼的多寡又可分为二翼自动旋转门、三翼自动旋转门和四翼自动旋转门。

　　（二）自动旋转门的特点

　　自动旋转门集各种门体的优点于一身。它的出现是基于防噪声和防尘的需要，由于使用时空气的热交换量很小，因此旋转门的节能性很好。

　　二翼自动旋转门在旋转时都保证有一个关闭的角度，可以有效隔离室内外的空气对流，是隔离气流和节能的最佳方案。

　　三翼自动旋转门简单实用，安全稳定，可以满足"最大程度的通行量"与"完美无缺的除风效果"，其设计与产品的安全高度统一，形成一种具有划时代意义的新型门户体系。

　　四翼自动旋转门的控制系统和机械传动系统技术成熟，运行安全可靠，故障率极低，免维护时间最长，是应用最广泛的一种旋转门。

二、讲一讲

　　（一）旋转门的结构

　　旋转门主要由支架、门框、门把、转动装置、加强杆、顶梁等部分组成。

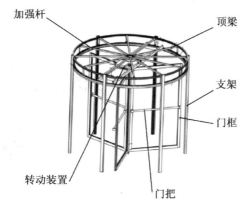

加强杆　　　　　　顶梁

支架

门框

转动装置　　　门把

（二）自动旋转门的工作原理

电机和齿轮 1 同轴固定连接，齿轮 1 与齿轮 2 啮合连接，齿轮 2 又与齿轮 3 啮合连接，齿轮 3 与门框同轴固定连接。当电机转动时，齿轮 1 随之旋转，齿轮 1 带动齿轮 2 转动，齿轮 3 又和齿轮 2 啮合旋转，最终齿轮 3 带动门框旋转。

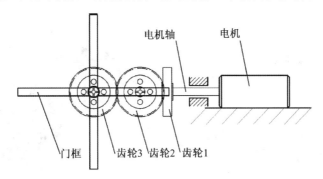

电机轴　　　电机

门框　　齿轮3 齿轮2 齿轮1

同学们，让我们自己动手，用积木制作一扇旋转门吧！

三、做一做

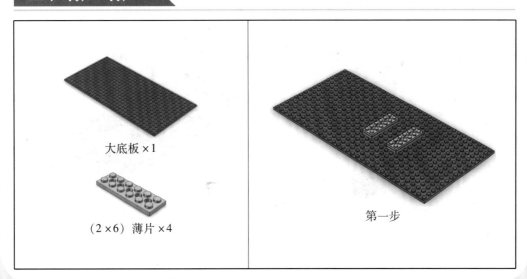

大底板 ×1

（2×6）薄片 ×4

第一步

大齿轮 ×1

12 号轴 ×1

第二步

3 号轴 ×1

大齿轮 ×1

第三步

（2×4）薄片 ×3

7 孔梁 ×2

第四步

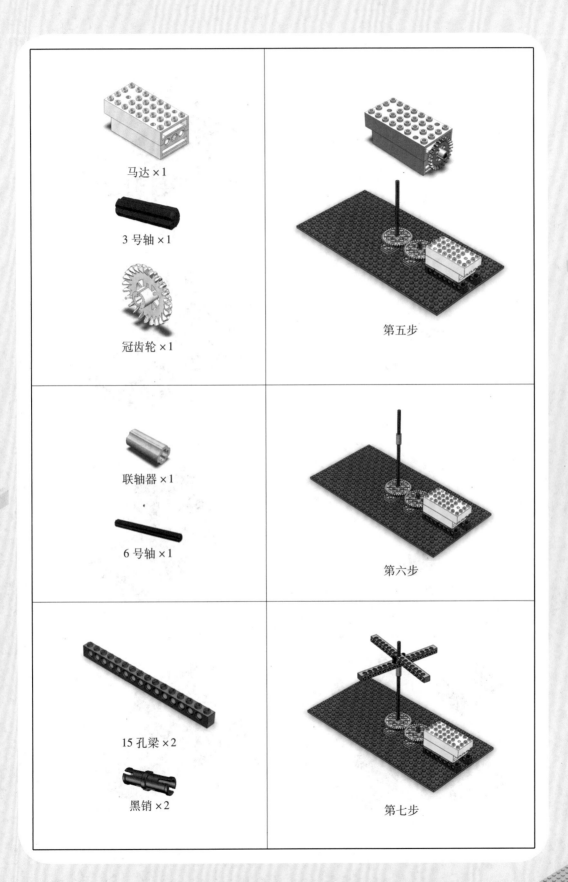

马达 ×1

3 号轴 ×1

冠齿轮 ×1

第五步

联轴器 ×1

6 号轴 ×1

第六步

15 孔梁 ×2

黑销 ×2

第七步

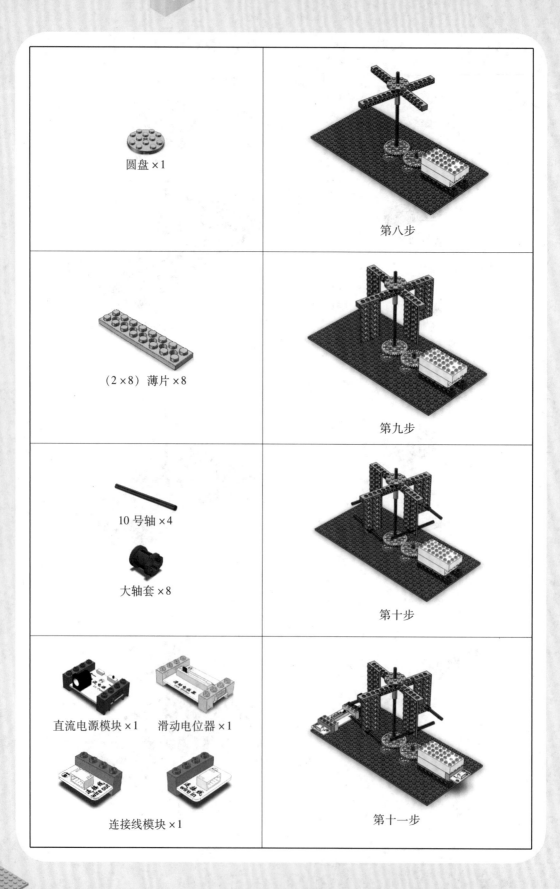

圆盘 ×1

第八步

（2×8）薄片 ×8

第九步

10 号轴 ×4

大轴套 ×8

第十步

直流电源模块 ×1　　滑动电位器 ×1

连接线模块 ×1

第十一步

相信聪明的你已经完成了旋转门的制作，接下来和同学们一起分享这件作品吧！

1. 展示一下自制的旋转门，讲讲它是怎么工作的。
2. 告诉大家旋转门有哪几种。
3. 说说在制作过程中遇到的困难，以及你是如何战胜困难的。

1. 旋转门为什么可以节能？
2. 人通过旋转门时应该注意什么？

1. 改装一个自动感应的旋转门。
2. 制作一个更安全的旋转门。

第七讲　旋转飞椅

　　游乐场里有许多游乐设施，闹闹每次去都要坐旋转飞椅。这个项目玩起来非常刺激，感觉就像长了翅膀在空中翱翔一样。

　　同学们，你们玩过旋转飞椅吗？

一、看一看

　　（一）什么是旋转飞椅

　　旋转飞椅是一种新颖的飞行塔类游乐设施。启动时，伞形转盘和中间的转台反向旋转，塔身徐徐上升，转盘摇摆，座椅在离心力的作用下绕立柱上下起伏，好似银燕在空中回旋飞舞一般。

　　（二）旋转飞椅的分类

　　旋转飞椅分成人飞椅和儿童飞椅两种。

　　成人飞椅在外观上像一把大伞，下边悬挂着很多靓丽、精致的吊椅。大伞转动时，吊椅在空中波浪起伏、旋转飞舞，带给坐在吊椅上的游客刺激、浪漫的感觉。

　　儿童飞椅，又称儿童旋转飞机，由玻璃钢和钢材做成，可以左右旋转和上下升降。启动开关后，小飞椅即自动旋转，做匀速往复升降运动。伴随着优美动听的儿歌和七彩灯光，坐在小飞椅上的儿童心旷神怡，留连忘返。

二、讲一讲

　　（一）旋转飞椅的结构

　　旋转飞椅主要由屋顶、支柱、悬索、座椅等部分组成。

　　（二）旋转飞椅的工作原理

　　旋转飞椅启动后，支柱会慢慢上升，到达一定高度后，开始旋转。旋转达到一定速度后，屋顶开始倾斜。由于离心力的作用，座椅向外甩动。随着旋转速度的下降，座椅回到原来的位置，直至停止旋转。

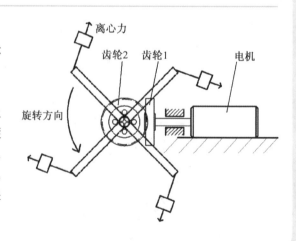

（三）什么是离心力

离心力是使物体远离旋转中心的力，它是一种虚拟力，是惯性的体现。

同学们，让我们自己动手，用积木制作一台旋转飞椅吧！

三、做一做

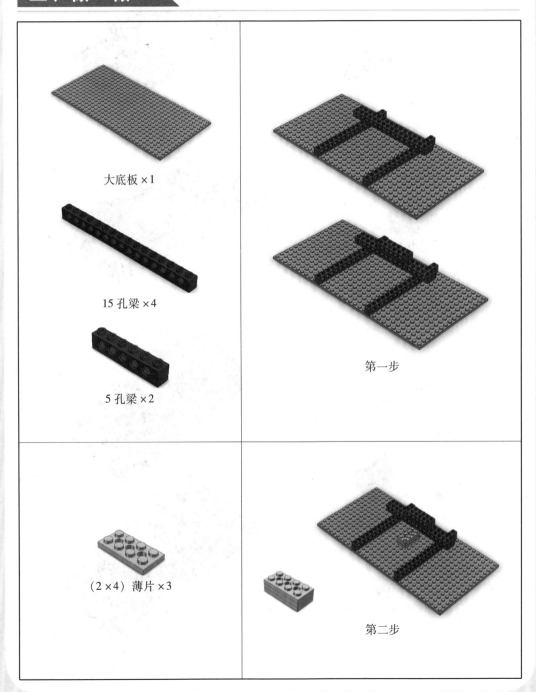

大底板 ×1

15 孔梁 ×4

5 孔梁 ×2

第一步

（2×4）薄片 ×3

第二步

（2×8）薄片×2　　马达×1

冠齿轮×1　　3 号轴×1

第三步

4 点连接片×2

第四步

12 号轴×1

中齿轮×1　　大轴套×2

（2×8）薄片×2

第五步

8 号轴 ×1

联轴器 ×1

第六步

圆盘 ×2

9 孔梁 ×4

第七步

7 孔梁 ×4

白销 ×4

第八步

弯角 ×4

黑销 ×4　　　　轴销 ×4

第九步

滑动变阻器模块 ×1　　　直流电源模块 ×1

连接线模块 ×1

第十步

马达驱动模块 ×1

说一说

相信聪明的你已经完成了旋转飞椅的制作，接下来和同学们一起分享这件作品吧！

1. 展示一下自制的旋转飞椅，讲讲它是怎么工作的。
2. 告诉大家什么是离心力。
3. 说说在制作过程中遇到的困难，以及你是如何战胜困难的。

想一想

1. 离心力在生活中还有哪些应用？
2. 乘坐旋转飞椅时，有哪些注意事项？

头脑风暴

1. 给自制的旋转飞椅增加椅子数量。
2. 为旋转飞椅加上音乐和绚丽的灯光。

第八讲　足球射手

课后，闹闹很喜欢和同学们一起踢足球。每次踢完球，他总是大汗淋漓、全身脏兮兮地回家。但是，闹闹一点也不介意。一天，妈妈说："闹闹，你那么喜欢踢足球，知不知道足球运动的历史呀？有没有想过组建一支机器人足球队？"闹闹一拍脑袋："哎呀，真是的，这都没了解过。"他立刻跑到书房去查找资料了。

一、看一看

（一）足球运动

足球，有"世界第一运动"的美誉，是全球体育界最具影响力的单项运动。标准的足球比赛由两队各派 10 名球员与 1 名守门员参加，彼此在长方形的球场上做对抗、进攻等运动。

（二）球王贝利

球王贝利 1940 年出生于巴西，1956 年加入巴西桑托斯 FC 俱乐部，首次捧得世界杯时年仅 17 岁。他在辉煌的足球生涯中，共参加了 1367 场比赛，射进 1283 个球，代表巴西国家队出场 92 次，77 次在国际比赛中破门得分。1980 年，他被授予"世纪运动员"称号，2000 年获"世纪体育家"大奖。2013 年获得国际足联首次颁发的荣誉全球奖。

二、讲一讲

（一）踢足球的方式

踢球是足球运动基本技术中的一种。它指按一定的动作和方法，用脚的某一部位将球踢向预定目标，主要是传球和射门。按脚触球的部位，踢球主要有脚内侧踢球、脚背正面踢球、脚背内侧踢球、脚背外侧踢球，还有脚尖踢球和脚跟踢球。

（二）如何组建一支足球队

一场比赛应有两支球队参加，每队上场球员不得超过 11 名，主要由前锋、边锋、前腰、边前卫、中前卫、后腰、边后卫、门将等组成，其中必须有一名守门员。如果任何一个队的球员少于 7 人则比赛不能进行。

在由国际足联、洲际联合会或国家协会主办的正式比赛中，每场比赛最多可以使用 3 名替补队员。

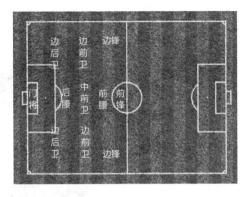

（三）为什么踢球时脚会感觉疼痛

物体间力的作用是相互的，当脚踢球时，脚对球产生一个作用力，同时球也对脚产生一个作用力。力的大小相等，方向相反，因此踢球的力越大，自身受到的力也越大，所以脚也就越疼。

同学们，让我们自己动手，用积木做一个足球射手吧！

三、做一做

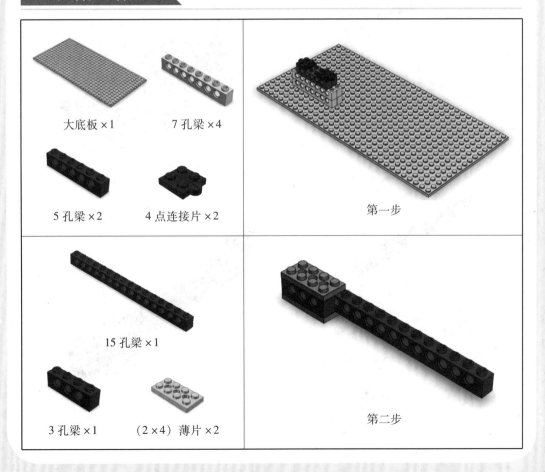

大底板×1　　　　7 孔梁×4

5 孔梁×2　　　　4 点连接片×2

第一步

15 孔梁×1

3 孔梁×1　　　（2×4）薄片×2

第二步

1 孔梁 ×1

（1×4）薄片 ×2

黑销 ×3

第三步

6 号轴 ×1

马达 ×1

第四步

15 孔梁 ×1

（2×4）薄片 ×2　　（1×4）薄片 ×2

1 孔梁 ×2　　十字 1 孔梁 ×1

第五步

5 孔梁 ×2

4 点连接片 ×2

黑销 ×2

第六步

第七步

第八步

7 孔梁 ×2

15 孔梁 ×1

第九步

（2×4）颗粒 ×4

（2×4）薄片 ×2

第十步

滑动电位器模块 ×1　　直流电源模块 ×1

马达驱动模块 ×1　　信号使能模块 ×1

连接线模块 ×1

第十一步

第十二步

说一说

相信聪明的你已经完成了足球射手的制作，接下来和同学们一起分享这件作品吧！

1. 展示一下自制的足球射手，讲讲它是怎么工作的。
2. 告诉大家力的相互作用原理。
3. 说说在制作过程中遇到的困难，以及你是如何战胜困难的。

想一想

1. 弧线球是如何踢出来的？
2. 如何降低踢球时脚的疼痛感？

头脑风暴

1. 改造足球射手，让足球踢出的距离可以控制。
2. 动手把足球射手拼装成一个完整的机器人。

第九讲　单杠少年

放暑假了，闹闹一早醒来就起床和爷爷一起去公园锻炼了。公园里面有很多运动器材，一些精力充沛的老爷爷、老奶奶正在单杠上面做拉伸运动。闹闹才一年级，个子还没有单杠高，所以就央求爷爷抱他上去试一试。

一、看一看

（一）单杠是什么

单杠是男子竞技体操项目之一，1896 年被列为奥运会比赛项目。现代竞技体操比赛所用的单杠是一根直径 2.8 厘米的铁制横杠。它固定在两根支柱上，支柱则用钢索固定于地面，横杠离地面 2.55 米。

（二）单杠锻炼的好处

单杠运动是竞技体操中最惊险的一个运动项目，基本动作有摆动、屈伸、回环、转体、腾越、空翻等，可以培养顽强的意志，改善人们在不同空间判断方位的能力，提高身体的柔韧性和协调性。

二、讲一讲

（一）上单杠时，运动员在掌心涂的是什么

体操运动员上单杠时掌心涂的白色粉末叫镁粉，其主要作用是吸汗，以及增加手和单杠之间的摩擦力。

（二）什么是摩擦力

阻碍物体相对运动（或相对运动趋势）的力叫摩擦力。摩擦力分为静摩擦力、滚动摩擦力、滑动摩擦力三种。

静摩擦力：两个相互接触的物体，当其接触表面之间有相对滑动的趋势，但尚保持相对静止时，彼此作用着阻碍相对滑动的阻力称为静滑动摩擦力，简称静摩擦力。

滚动摩擦力：物体滚动时，接触面一直在变化着，物体所受的摩擦力称为滚动摩擦力。

滑动摩擦力：当两个物体产生相对滑动时，接触间产生的阻碍物体滑动的力称为滑动摩擦力。

（三）单杠少年的工作原理

电机和带轮1同轴固定连接，带轮1通过皮带与带轮2连接，带轮2与带轮3同轴固定连接，带轮3通过皮带与带轮4连接，带轮4与少年固定连接。当电机转动时，带轮1随之旋转，在皮带的作用下，带轮2和带轮3也转动，带轮4和少年在皮带的作用下作圆周运动。

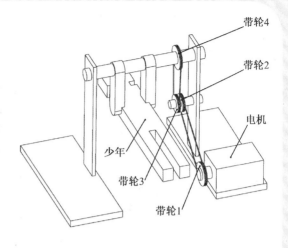

同学们，让我们自己动手，用积木制作一个玩单杠的少年吧！

三、做一做

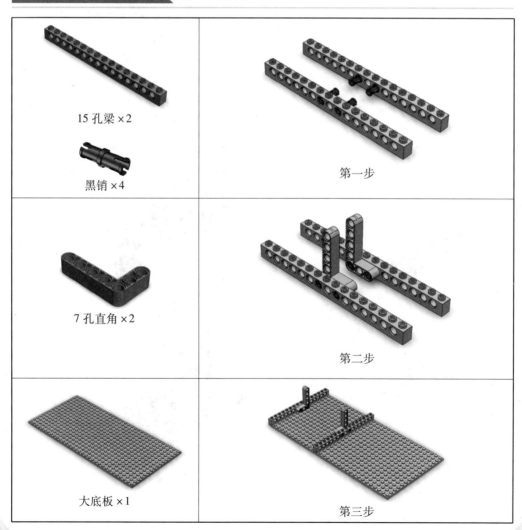

15 孔梁 ×2 黑销 ×4	第一步
7 孔直角 ×2	第二步
大底板 ×1	第三步

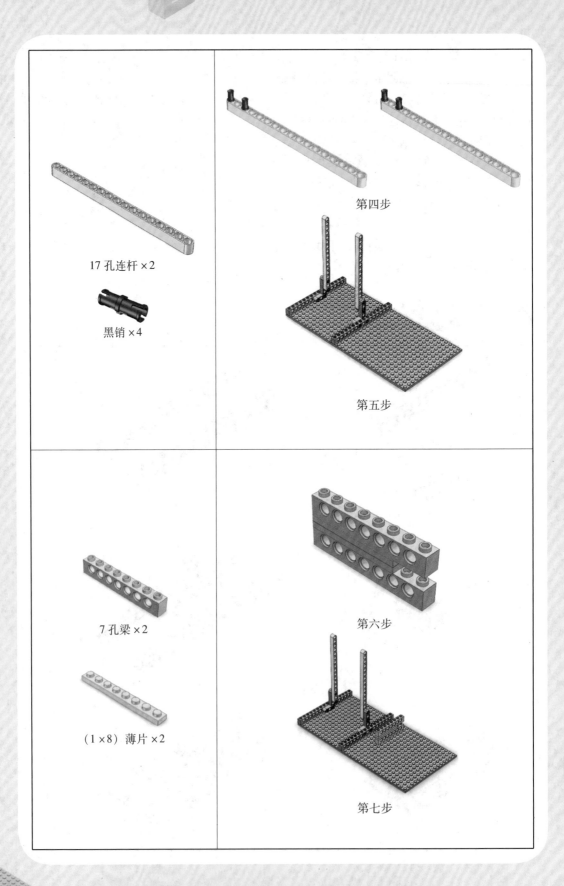

17 孔连杆 ×2

黑销 ×4

第四步

第五步

7 孔梁 ×2

(1×8) 薄片 ×2

第六步

第七步

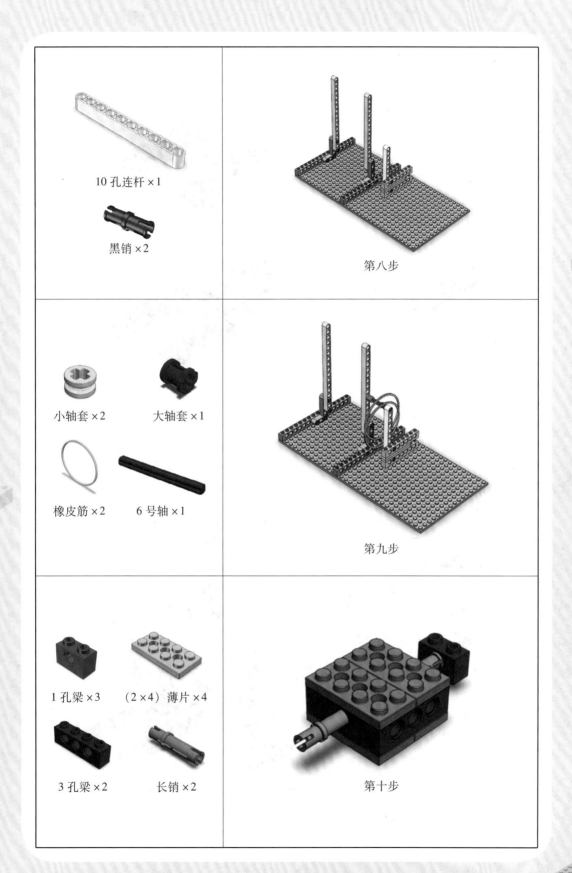

10 孔连杆 ×1

黑销 ×2

第八步

小轴套 ×2　　　　大轴套 ×1

橡皮筋 ×2　　　　6 号轴 ×1

第九步

1 孔梁 ×3　　　　（2×4）薄片 ×4

3 孔梁 ×2　　　　长销 ×2

第十步

（2×6）薄片×2

5孔梁×3

第十一步

第十二步

拐角×2

黑销×2

轴销×2

第十三步　　　　第十四步

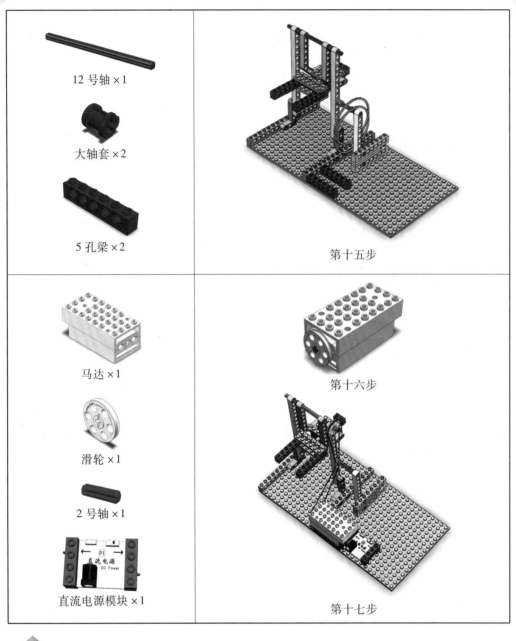

12 号轴 ×1

大轴套 ×2

5 孔梁 ×2

第十五步

马达 ×1

第十六步

滑轮 ×1

2 号轴 ×1

直流电源模块 ×1

第十七步

说一说

　　相信聪明的你已经完成了单杠少年的制作，接下来和同学们一起分享这件作品吧！

　　1. 展示一下自制的单杠少年，讲讲它是怎么工作的。

　　2. 告诉大家摩擦力的原理。

　　3. 说说在制作过程中遇到的困难，以及你是如何战胜困难的。

想一想

1. 自制单杠少年是几级传速，速度多大?
2. 如果生活中没有摩擦力会怎样?

1. 制作一个升降单杠。
2. 想一想，让单杠实现更多的功能。

第十讲 购物车

每个周末，闹闹和妈妈都要去超市购物，买一些生活用品和零食。但是，买的东西多时，用篮子根本拎不过来，而且十分费力。这时，超市里面的购物车就成了得力的帮手。购物车容量大，用起来很省力，是每个超市必备的购物工具。

同学们，你们使用过购物车吗？

一、看一看

（一）什么是购物车

购物车是一种在超市等大型商场中用于存放商品的手推车。它通常有几层，可以存放不同的物品，有些还可以载小孩。购物车最初出现在美国，如今已走进了我们的生活。

（二）使用购物车的好处

1. 超市的购物车容量较大，可以存放很多商品。

2. 可以满足买家的多种需求，有利于提高销售量。

3. 可以直接推到超市外面，省力且方便，非常实用。

二、讲一讲

（一）购物车的结构

购物车主要由车架、车轮、扶手、车筐等部分组成。

（二）购物车的省力原理

圆形的轮子在地面上滚动时，接触面积最小，摩擦力也最小。同时，面积相等的图形，圆的周长最长，在一定时间内行驶的距离最远，所以会比较省力。

扶手

车筐

车轮

车架

同学们，让我们自己动手，用积木制作一辆购物车吧！

三、做一做

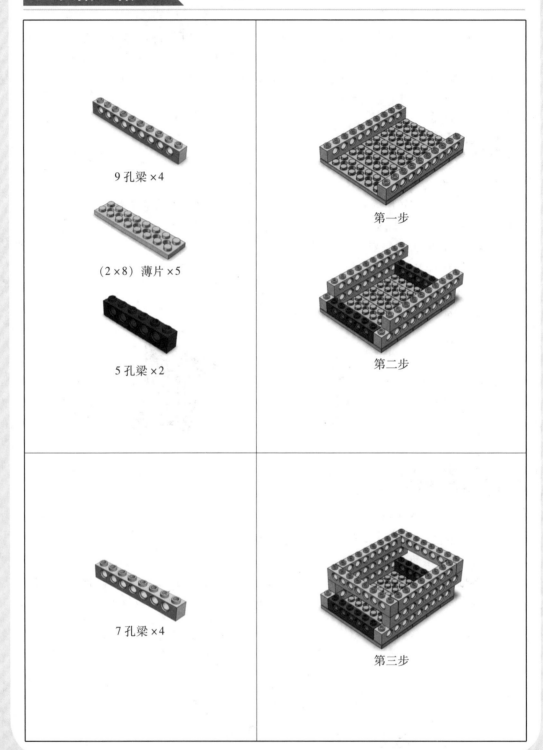

9 孔梁 ×4

（2×8）薄片 ×5

5 孔梁 ×2

第一步

第二步

7 孔梁 ×4

第三步

拐角 ×2

轴销 ×4

10 号轴 ×1

第四步

第五步

第六步

拐角 ×2

轴销 ×2

黑销 ×2

第七步

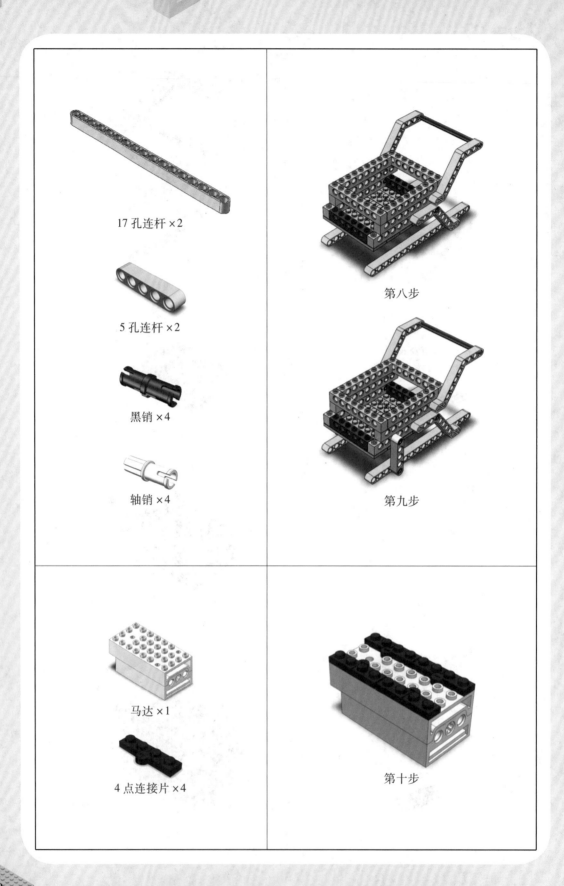

17 孔连杆 × 2

5 孔连杆 × 2

黑销 × 4

轴销 × 4

第八步

第九步

马达 × 1

4 点连接片 × 4

第十步

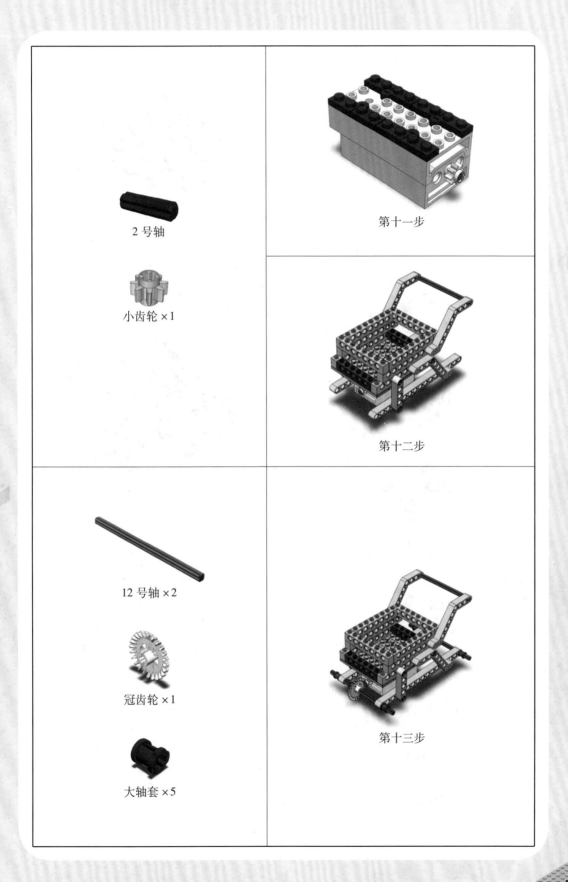

2 号轴

小齿轮 ×1

第十一步

第十二步

12 号轴 ×2

冠齿轮 ×1

大轴套 ×5

第十三步

轮胎 ×4

第十四步

连接线模块 ×1

直流电源模块 ×1

第十五步

说一说

相信聪明的你已经完成了购物车的制作，接下来和同学们一起分享这件作品吧！

1. 展示一下自制的购物车，讲讲它是怎么工作的。
2. 告诉大家圆形车轮的省力原理。
3. 说说在制作过程中遇到的困难，以及你是如何战胜困难的。

想一想

1. 如果生活中没有摩擦力会怎样？
2. 为什么购物车的轮子要制作成圆形？

头脑风暴

1. 能不能将自制购物车增加一层?
2. 能不能将电子模块安装在购物车的车身上?

扫一扫,点关注,回复"创意搭建",查看参考答案

免费线上课程